U0003635

JOB
GUIDE \ 學習　向智者

ミニマル思考

世界一単純な問題解決のルール

最低限度思考

全世界最單純的問題解決法則

林佩蓉 譯

鈴木鋭智

SUZUKI EICHI

　　坦白說，雖然我現在的工作是教授「具邏輯性的書寫方式、說話方式和議論方式」，但我原本是個和「邏輯」完全扯不上關係的人，屬於「毫無邏輯且一味空想」的類型。

　　我非常害怕地球暖化，所以不開空調，導致感冒加重；求職不順利時就會心想：「都是因為我小時候沒有立下將來的志願→事到如今想補救也來不及了→下輩子再重來吧。」相當悲觀。

　　雖說那時年紀還小，即使現在回顧起來，還是覺得那樣的空想實在很丟臉。

　　當我在大學升學預備學校教小論文時，我人生中的轉機出現了。

　　其實「小論文」這門科目，比起文章書寫能力，更需要「解決問題的思考能力」。

　　毫無邏輯的人來教「具邏輯性的問題解決法」，這雖然是個猶如惡作劇般的任務，在這個過程中，我卻發現了一件事。

　　我看了難以拿到高分的學生，還有無法在時限內寫完的學生的答案後發現，大多不是因為他們「不思考」。

　　「如果每個人都懂得去關懷他人，世界就會和平。」從這種幻想到「如果智慧型手機普及，日本就會滅亡。」這種過分簡化的想法，這些思慮偏離了正確方向的情況，在答案紙上忠實地記錄了下來。

　　說來丟臉，這些內容和我的空想幾乎完全相同。正因如此，我不會因為「還不成熟」而放棄他們，而是試著思考「是否有哪些

共同的原因」。

就這樣分析超過一萬五千人（加上我自己）的答案後，我開始發現人類容易陷入的「思考壞習慣」模式。本書會將這些東西稱為腦袋裡的破爛，也就是「垃圾思考」。

在教室裡發現、修正學生的「垃圾思考」的這些日子，同時也是我克服自己的「垃圾思考」，將思慮最小化的過程。

直到現在，我轉而投入商業座談、企業講座的領域，但做的事基本上和當時沒什麼兩樣。

這是因為社會人士即使學了邏輯思考的工具，在此之前若是沒辦法把腦袋裡的「廢物」清除，便無法做出正確的判斷。因此我也愈來愈常受邀去演講，講授邏輯思考的「第一步」。

我協助人們屏除腦內的「垃圾思考」，學會「最低限度思考」。這就是我的工作。

在本書中，為了讓你意識到你腦袋裡的「垃圾思考」並捨棄它們，我將這個過程統整成三項原則、九項法則。

說不上是「學習」，只要各位能當成一份讀物，輕鬆享受就足夠了。

讀完之後，如果能在你的工作、人生，或是世界上的問題中看見一絲解決的希望，身為作者的我將感到萬分喜悅。

歡迎來到「最低限度思考」這個將思慮斷捨離的世界。

Contents

最低限度思考
全世界最單純的問題解決法則

ミニマル思考 世界一単純な問題解決のルール

Chapter **3** 得以解決問題的 原因分析法則

解決につながる原因分析のルール

Chapter
4
不會白忙一場的
解決方案思考法則

空回りしない解決策のルール

Chapter 1

最低限度思考和
垃圾思考

ミニマル思考とジャンク思考

01

從垃圾思考到
最低限度思考

ジャンク思考からミニマル思考へ

在企劃會議裡點子源源不絕的人。

能俐落地將現場發生的問題解決的人。

世界上有一種人被歸類為「聰明的人」。

這些人的腦袋是如何運作的呢？

難道他們擁有能夠複雜地思考複雜事物的複雜頭腦嗎？

不，完全相反。

倒不如說，這些人擁有對於事物「簡單、最低限度」思考的習慣。

不愉快 不公平 不合常理 麻煩 氣氛 不謹慎 受害者心態 正義感 疏離感 臆測 前例 自尊 不安 自卑感 後悔 完美主義 理想論 父母的教育方式有問題 民族性 過去的來龍去脈 障礙 意識薄弱 寬鬆教育 缺乏倫理觀念 意志薄弱 財源不足 禁止令 加重罰則 尋找真凶 監視 固定路線 謹記在心 本末倒置 加油 傳統 道德教育 文宣 規範 報仇 連帶責任 啓蒙活動 強制 本性 再教育

　我們的腦袋裡凌亂地存有許多「無關緊要的事」和「再怎麼想也無能為力的事」。

　一旦受限於這些破爛（垃圾），毫無意義的議論最終會使你不斷重複反效果的應對。結果，時間、金錢和能量不斷消耗。

　這就是凡人的習慣——「垃圾思考」。

　如果能把這些破爛（垃圾）從腦袋裡清除，集中在剩下的那些以最低限度標準來看「應該思考的事物」上，會怎麼樣呢？

　或許能想出更輕鬆的點子也不一定。

　這就是思考的斷捨離——「最低限度思考」。

　也就是所謂「聰明的人」擁有的思考習慣。

02

大型公共建設是
為了什麼而存在？

巨大公共事業は何のため？

東日本大震災發生至今，遭受海嘯侵襲的岩手、宮城沿岸的「防潮堤議題」仍有許多爭論。

為了不再重演出現多達一萬五千個罹難者的悲劇，政府訂定了沿海興建大型水泥牆的計畫。

然而，當地居民卻強烈反對。

因為可能會對漁業造成不良影響；看不到海的街道也可能不會有觀光客前來。

為了不知道幾十年後或幾百年後才會出現的海嘯，就要犧牲現在居民的生活太不划算了。

即使如此，政府仍然執意興建防潮堤。

「這一百二十年間不是已經發生過四次大海嘯了嗎？」

「也有一些村落受過防潮堤保護（但防潮堤倒塌的城鎮也不少……）」

「如果再發生這種災難會被追究行政責任。」

還有公共建設慣例的垃圾思考：

「已經編列預算了……」

最低限度思考應該是像下面這樣。

「總之，只要能救人就好了吧？」

例如建造幾條無限往上延伸至內陸高地的陸橋，用以取代防潮堤呢？

如此一來，地震發生後，海嘯來襲前就能立即逃難。

相對地，就要捨棄街道上的建築物。

建築物被沖走，只要重蓋就好。反正一旦建築物老化，原本就要重蓋。

但人命一旦失去就救不回來了。

是希望保住人命呢？

還是希望街道毫髮無損地保留下來呢？

「原本防災的目的是什麼？」

只要注意到這一點，就會想出完全不同的點子。

03

與其將誤闖逆向車道的人數降為０，不如這麼做

誤進入をゼロにするよりも

請回答以下問題。

請指出這張圖裡不對勁的地方。

細節也要看清楚喲。

沒錯。

這輛車正逆向行駛。

車輛在高速公路逆向行駛所導致的意外層出不窮。

「應該在出入口設置花稍的標誌和阻擋通行的閘門。」

「應該強制所有高齡駕駛接受失智症檢查。」

「也應該向一般駕駛宣導意外的嚴重性。」

　　這些想法的出發點全都是「將誤闖出、入口的人數降為 0」。「將錯誤降為 0」這種完美主義將事倍功半，屬於垃圾思考。

　　倒不如說「每個人都會出錯」的想法才是最低限度思考。問題或許出在逆向行駛時，駕駛本身沒有注意到的「景色」。

　舉例來說，試著把中線畫成箭頭如何呢？

　這麼一來，即使是沒有注意到出入口標誌的人，應該也會直覺感到「不對勁」才對。

　愈早發現自己走錯，就能把車停在路肩或緊急停車區，預先防範意外發生。

　而且如果採用這個方法，就只需要在容易誤闖的區域，畫數十公尺的中線就可以了。

　危機處理中，包含「不讓問題發生」和「即使發生問題也要控制在最小範圍內」這兩個階段。在大多情況下，以「問題一定會發生」為前提所想出的備用方案，反而更加重要。

04
你屬於邏輯型？
還是直覺型？

論理の人？　直感の人？

「喂，你這裡好像不合邏輯啊。」

有些人會很嚴格地指出別人邏輯上的漏洞或偏差，但自己卻無法提供明確的想法。

拜這種自稱「邏輯思考者」的人所賜，人們很容易認為「邏輯型和直覺型是完全不同的人種」。

然而，若是無法提出想法，邏輯大魔王也只是在浪費這份才能。方法論變得目的化，從這個層面來看，他也是處於「垃圾思考」。

實際上，愈是靈光一現想到的點子，事後分析起來就愈合乎邏輯。創作者之所以能在訪問中解說自己的作品就是這個原因。

世界上沒有「邏輯型」和「直覺型」的人，只有「既能夠邏輯思考，也相信直覺，能以最低限度思考的人」和「拘泥於邏輯，只能垃圾思考的人」。

接下來，就介紹一位超凡經營者的故事，他很清楚思考和產品都應該要「最低限度化」。

05

「賈伯斯的矩陣」的真正意義

「ジョブズのマトリックス」の本当の意味

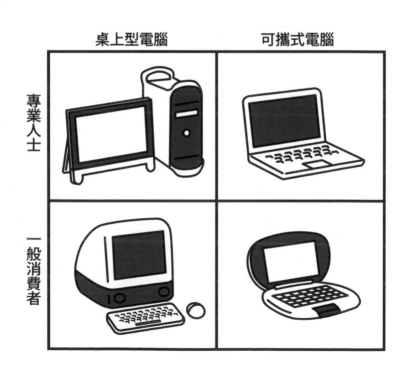

	桌上型電腦	可攜式電腦
專業人士		
一般消費者		

九〇年代末期，讓瀕臨破產的蘋果公司起死回生的，正是身為蘋果創立者卻一度被踢出公司，之後再度回歸，擔任「臨時執行長」的賈伯斯。

為了整頓粗製濫造、一片混亂的生產線，賈伯斯畫了一張2×2的圖表（矩陣）。

「從今天起，蘋果生產的電腦只有桌上型電腦和可攜式電腦兩種，顧客只分成專業人士和一般消費者兩種。」

在這種策略下誕生的，便是傳說中的四種產品機型。

不只擁有嶄新的設計，走進店裡的每個人都能毫不困惑地選擇「適合自己的機型」，產品因此大賣。從那時起直到現在，蘋果開始迅速攻下市場。

……說完了，以上是相當有名的故事，在邏輯思考的講座裡也經常有人拿來當成範例。

「你們看，只要把產品和顧客分類，用矩陣整理，不就能解決問題了嗎？MECE※真是無敵啊。」

然而，這裡有個問題。

※ 譯注：MECE。Mutually Exclusive and Collectively Exhaustive，意指對於一個議題，能夠做到不重疊、不遺漏的分類，藉此有效把握問題核心，並進而找出解決問題的方法。

為何賈伯斯會用「專業人士／一般消費者」稱呼顧客？

他採取的分類不是「工作用／家庭用」。

「男／女」、「富裕階級／貧窮階級」、「帥哥／其他」和「好孩子／壞孩子」等，「如何區分人類」能夠反映出一個人的世界觀。

除了蘋果之外，賈伯斯創立的另一間是公司是皮克斯動畫工作室。賈伯斯藉由《玩具總動員》這部全球首部全電腦繪圖長篇動畫電影，在電影界掀起了一股革命。在他的眼中，人類分成以下兩種：

- **用電腦改變世界的人（專業人士）**
- **因此而受惠的人（一般消費者）**

如此一來，就由自己決定各自需要的機器規格。

- **專業人士用＝最佳繪圖功能和最強處理能力**
- **一般消費者用＝不需要說明書就能連上網路**

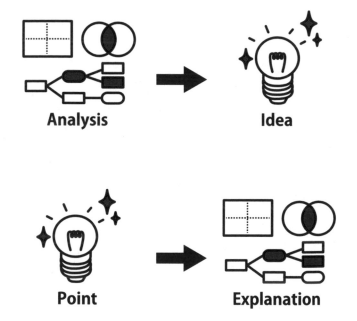

Analysis → Idea

Point → Explanation

賈伯斯是藉由MECE（不遺漏且不重疊）將顧客分類，畫成矩陣後才解決自己公司的問題嗎？

不，剛好相反。

他只是先有獨特的著眼點，認為「人類分為專業人士和一般消費者兩種」，再以矩陣說明，因此「容易理解」。

他沒有分析市場問卷調查的結果，預測購買者的行為，也沒有用邏輯樹探討所有的可能性。

如果沒注意到這個「著眼點」，光只是仿效矩陣圖，恐怕會停留在下面這個層次：

・**工作用＝標準裝配，含試算表軟體**

・**家庭用＝也能使用賀年卡軟體喲**

06

我們應該要邏輯思考，
但在那之前……

ロジカルシンキングをする、その前に

這本書不是要否定邏輯思考。

應該說正好相反。看了這本書，你就能更了解邏輯思考，更靈活運用，這才是本書的定位。

邏輯思考的基本思想是「列舉出所有能想到的元素並加以討論」的網羅主義。這很適合埋頭用火柴棒一點一點地組裝出姬路城的那種一絲不苟的人，但對於怕麻煩的人而言，無法跟上也很正常。

然而，這種「列舉出所有元素」的方式，有時可能會無謂地讓事物更加複雜，這也是事實。

此外，也有不少人將新的視角轉移至「所有能想到的元素」以外的部分。

正因如此，所謂的邏輯思考也需要反向操作。必須將多餘的元素全部去除，讓視角更加透徹。

就是因為怕麻煩，才需要最低限度思考。

07

如果用垃圾思考
畫邏輯樹……

ジャンク思考でロジックツリーを描くと……

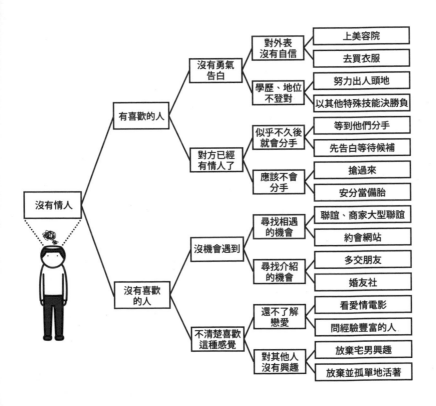

在邏輯思考的座談會中，我經常使用這個例題，我會說：「這有點難懂，我就舉個比較切身、容易理解的例子。」

「讓我們有邏輯地解決『沒有情人』這個問題吧。」

接著有人就會說：「我們先針對這個問題用 MECE 分析後加以分類！」並開始畫像左方這樣的邏輯樹。

「將問題和其原因詳細分類後，分別針對各個項目提出解決方案。這是滴水不漏、相當完美的邏輯思考！」

是這樣嗎？

總覺得看起來邏輯樹會愈來愈擴張，無法收拾，這樣沒問題嗎？

所以最後這個人應該參加商家的大型聯誼嗎？

還是應該在職場上尋找理想對象，再把對方搶過來？

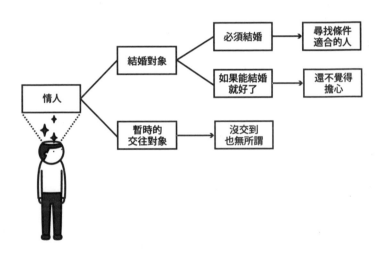

最低限度思考的人一開始會這樣思考：

「情人是結婚對象？還是暫時的交往對象？」

如果是暫時的交往對象，那總有一天會分手，所以應該不會很困擾。

即使是結婚對象，假如只是「如果有天能結婚就好了」的程度，應該還沒有真的感到困擾吧。

問題在於「因為某些原因必須結婚」的情況。

有代代傳承的世襲家業、讓父母抱到孫子得以放心下來、為了生存的政治婚姻等，有各種狀況，但通常對於結婚對象都會要求某些條件（家世、能力、是否喜歡小孩等）。

若是如此，嚴格徵求或請人介紹符合這些條件的人，應該是最快的方法了。

這種情況已經不適合透過商家的大型聯誼，等待奇蹟出現了。

這不是需要畫邏輯樹解決的問題。

採用MECE而遇到挫折
的真正理由

MECEで挫折する本当の理由

「MECE（Mutually Exclusive and Collectively Exhaustive）」意指「對於所有元素不遺漏卻又不重複地分類」。但對初學者而言，這十分困難。

「這就是全部了嗎？不，感覺應該還有。」他們不知道何時該結束。

這是因為很難證明「沒有遺漏，或者說沒有其他元素」。「○○存在」這件事只要舉一個例子就好；在數學上也是一樣，如果要「證明○○不存在」，就會突然變得困難。

例如以前人們都用「男／女」這個分類作為解說MECE的例子，然而近年來，社會也認知到不論男女，不符合性別特徵的人意外地多。MECE也並非完美的方案。

不要想著一開始就完美地分類，「如果狀況改變，分類也要改變。」帶著這種有彈性的想法或許會比較好。

MECE不是目的，而是其中一個過程。

09
最低限度清單
和最低限度思考
ミニマリストとミニマル思考

還可以拆下窗簾哪

如果日落後就睡覺，那也可以拆下燈泡呢

這個包包也丟掉好了……

　　聽到「最低限度思考」，有些人或許會聯想到「最低限度清單」。

　　這種生活型態是將自己所有的物品縮減到最低限度，到達「一個行李箱裝著所有財產」的程度，在沒有家具和擺設，空空如也的房子裡生活。這就是這幾年備受矚目也飽受批評的「最低限度清單」或「最低限度生活節奏」。

　　原本的目的應該是「舒適地生活」、「從繁雜中解脫」，所以只需備齊必需品。然而任何風潮總是會孕育出極端的人，做出「為了減少物品，不方便和不舒適都可以忍受」這種本末倒置的決定，因此受到嘲笑。

　　「最低限度思考」也是一樣。

　　說到底，目的都是「俐落地解決問題」，只要捨棄會對此造成妨礙的垃圾思考就好。不需要像「必須把腦袋清空」這句禪語一樣禁欲。

　　當然，想要保有物品或丟棄物品，這也是個人的自由。

Chapter 2

具說服力的
提問法則

説得力のある問題提起のルール

10

這是問題嗎？

それって問題ですか？

「藝人出軌不可原諒！」

「幫小孩取怪名字的父母很不正常！」

「我痛恨那個靠關係進入一流企業的傢伙！」

好、好、好，你的心情我懂。

但是你有必要生氣嗎？

藝人出軌，該生氣的是當事者雙方的家庭、被撤掉的節目或廣告的相關人員。

被取怪名字而感到困擾的，是孩子本人。

如果他沒有靠關係錄取，你就能進入那間一流企業嗎？

人類是一種不可思議的生物，當我們感到失望時，就會為不需要生氣的事情發怒。我們的腦袋裡滿滿都是這些「不合理的問題意識」。

為了專注在該討論、該解決的問題上，這些垃圾思考應該要全數清除。

以下介紹一些能達到這個目的的簡單法則。

11

具說服力的提問法則

説得力のある問題提起のルール

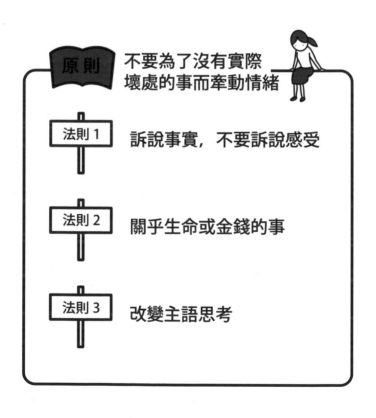

原則 不要為了沒有實際壞處的事而牽動情緒

法則 1 訴說事實，不要訴說感受

法則 2 關乎生命或金錢的事

法則 3 改變主語思考

想要避免無效的討論，很重要的一點是在思考「如何解決」之前，先搞清楚「要解決什麼」，也就是提出問題。

提問有兩個目的。

目的A　單純獲取同感。希望得到贊同。

目的B　想要解決問題。希望有人協助解決問題。

前者只是隨意討論。這時可以自由提問，或者應該說，「雖然是小事，但很令人生氣。」這種抱怨的方式更能引起熱烈討論，也能收到很多「讚」。

然而，如果提問的目的是「為了解決問題」、「希望有人協助解決問題」，那就另當別論了。

請選擇「值得解決的問題」。

在這個世界上，混雜著「實際上有人為此而困擾的事」和「實際上沒有人為此而困擾的事」。沒有受害者卻加以討論，「試圖解決問題」，這不但很雞婆也很浪費時間。

先區分出「有人實際受害的事」和「沒有人實際受害的事」，這就是最低限度思考的第一步。

訴說事實，
不要訴說感受

気分ではなく事実で語る

　　光只是「很討厭我先生」這種「感受」，無法成功離婚，也無法爭取到撫慰金。必須列出實體證據，像是錄下辱罵的內容、當場拍下丈夫出軌的畫面，或拿到醫師所開立精神有問題的診斷證明才行。

　　具說服力的提問，指的是用「事實」代替「感受」說話。

　　如果想不出有任何「事實」，也許這並沒有實際受害，單純是自己心裡認定或是偏見。

　　應該要避免「不愉快、生氣、討厭、厭煩、噁心、無聊、煩躁、很爛」等「感受」，練習用「事實」說明。

　　例如「這個設計很爛」這種「感受」。

　　「改成這種設計之後，營業額掉了15％。」

　　「問卷調查的結果，100人之中回答喜歡這個設計的有25人。」

　　如此一來，就是客觀的「事實」，具有說服力。

關乎生命或
金錢的事

命かお金に関わるか

沒有獲得同意，就把朋友的原子筆拿來用，你能接受這種人？或不能接受？

沒有獲得同意，就把朋友便當裡的日式炸雞偷偷吃掉，你能接受這種人？或不能接受？

從朋友的錢包裡拿走一萬日圓鈔票，你能接受這種人？或不能接受？

會拿刀突然刺向朋友，你能接受這種人？或不能接受？

原子筆和日式炸雞或許會因人而異，各有「能接受」和「不能接受」的反應。

但拿走一萬日圓鈔票，應該就不會有人認為：「只是拿了你的錢，有什麼關係嘛。」被刀刺傷的人更不可能說：「可以喲（笑）。」即使心裡這麼想，一旦真的說出口，人格就會遭到懷疑。

關於「具說服力的提問」，有個任誰也無法否定的標準，那就是「是否關乎生命或金錢」。

改變主語思考

主語を変えて考える

　　咖啡廳裡，手機的鈴聲響起。一位紳士開始說話，從對話的內容聽起來，似乎是位會計師。

　　從能夠聽到的內容得知，當地一間很有名的企業社長買了純種馬，而他正和稅務署爭論買馬的費用。

　　這種對話，不是經常能夠聽到的。周圍的顧客也不自覺地注視著這位紳士。而且這位紳士很會說話，所有人都受到吸引，小聲竊笑。

　　平常在公共場所用手機講電話，可以說是沒禮貌的代名詞，但有時就像這個例子一樣，談話聲對周圍的顧客並沒有造成「實際傷害」。

　　然而，如果主語從「店裡的顧客」換成「社長」這個話題的主角呢？

　　這位會計師破壞了守密義務，聲張客戶的問題。媒體相關人員有可能恰巧就在一旁，有可能造成公司信用破產。

　　改變主語，就能找到實際受害的人。

12

舉出「事實」，
問題點就會改變

「事実」を挙げると問題点が変わる

「我在公司被討厭了（哭）。」

這只不過是「感覺自己被討厭」的主觀情緒和猜測而已。有可能不是真的被討厭，只是因為某些事而誤會了。

之所以讓你覺得「自己被討厭」的「事實」是什麼呢？

「只有我沒收到聯絡事項。」

如果只是這樣，也有可能單純只是遺漏而已，建議重新確認公司內部資訊共享的系統。

「我拉低了整個團隊的銷售額。」

如果是這樣，就應該在業務技巧上下功夫，不可以推託到「被討厭」這種人際關係的問題上。

「我到公司之後發現，桌上有個被釘的稻草人。」

這……這就的確是受到憎恨了。

舉出怎樣的「事實」，問題點就會改變。

13

不要試圖幫助
不感到困擾的人

困っていない人を助けようとしない

　「尼特族※愈來愈多了，必須讓他們了解工作的重要和喜悅，讓他們進入社會才行。」

　如果本人不想工作，就這樣不就好了？

　「相較於歐美，日本創業的年輕人較少。」

　如果當個員工很自在，就這樣不就好了？

　「我家小孩不去上學了。」

　如果不想去學校，不要去不就好了？

　如果本人不覺得困擾，就不必硬是要幫助他。

　如果以「有意願、努力生活的自己」為基準，就會覺得「沒有意願的人」存在是一大問題。

　然而，選擇生活方式是個人的自由。什麼時候想休息、什麼時候想奮鬥，這也因人而異，沒有必要和「你」一樣。

　等到哪一天他覺得遇到困難，出聲求救，到時再插手吧。

※ 譯注：尼特族。不願升學或就業，終日無所事事的青年。

14

是普羅大眾的問題？
還是我自己的問題？

世間一般の問題なのか？私自身の問題なのか？

「悠哉社員※比較自我。」

每年一到春季，如此抱怨的上司就會增加。然而，即使現在開始改革全日本的學校教育，很遺憾地，並不會影響已經進你公司的「悠哉社員」。

況且，即使全日本的年輕人都很優秀，他們如果被敵對公司搶走，不是反而會形成威脅嗎？

應該再次確認「問題是什麼，對誰造成困擾」。

問題不應該在「世界上所有悠哉社員」身上，而是「我新進的下屬Ａ君都不打招呼，還有Ｂ小姐製作文件經常出錯。」才對。

既然如此，幫助他們修正具體的行為，只把自己公司的職員打造得更優秀，這樣的做法才合理。倒不如讓敵對公司的職員維持「悠哉」的行為還比較好……

如果不具體找出「誰會感到困擾？」就連毫不相干的人，你也會為他們的事插上一腳了。

※譯注：悠哉社員（ゆとり社員）。日本在一九八七年後出生的世代受的是較輕鬆的寬鬆教育，這些人在進入公司就職後往往較以私生活為優先、較不懂禮儀等。

15

嫉妒、說壞話的「蹺蹺板理論」

妬み、陰口の「シーソー理論」

「不能容許有錢人，要加重課稅。」

「他們賺了很多錢，一定是在背地裡做了什麼。」

但是，他們有從你身上搶走什麼嗎？

他們沒有受惠，你就能受惠嗎？

被嫉妒蒙蔽而說壞話的人，就是以為財富和幸福就像蹺蹺板一樣的人。

對方往上爬升，自己就會往下掉；

對方往下掉，自己就會往上爬升。

然而，如果不是蹺蹺板而是樓梯呢？

即使對方往下掉，自己也不會往上爬升，那還不如不要在意對方，努力往上爬。

咦？有人無法接受理解樓梯的比喻嗎？

那麼，為了這些人，我讓步一些，就當成「財富的分配就像蹺蹺板」好了。

即使如此，那些有錢人坐的蹺蹺板上，對手可不只你一個。

16
受害者意識的優越感

被害者意識という優越感

「都是因為父母的教養方式，害我只想把自己關在家裡。」

「都是因為就職冰河期，害我變窮。」

自己因為別人而受到傷害，真是可憐。這就是「受害者意識」。在垃圾思考中也算是難搞的垃圾之王。

退一萬步來說，假設全都是別人的錯好了。

那麼，要做出哪些補償，你才能原諒他們？

要給你什麼？給你多少你才滿意？

說穿了，你根本不想原諒他們吧？

只要身為「受害者」，就有責怪對方的「權利」。不管是對個人還是國家。

很爽快吧？

很有優越感吧？

還想再繼續埋怨下去吧？

但如果不捨棄這些「特權」，就解決不了你現在抱持的問題。

17

這樣的「未來」只不過是你的「猜測」

その「未来」はあなたの「憶測」に過ぎない

　　據說職業棋士具有預測接下來的兩百手的能力，但在實際的對局中，只能預測接下來的三手或五手左右。

　　因為未來肯定會因為下一手而產生變化。

　　讓腦袋裡充滿不確定可能性的腳本，會讓你在目前的這一手不盡全力。

　　「將來變成下流老人※怎麼辦？」

　　「如果一直結不了婚怎麼辦？」

　　「如果有一天地球滅亡怎麼辦？」

　　有些人會過度擔心未來，擔心到晚上睡不著覺，但你想到的「未來」只不過是「猜測」罷了，還沒有成為「事實」。

　　或許地球不會滅亡；或許明天就會遇到真命天子、真命天女；或許你的壽命根本就沒有長到讓你成為老人。

　　無論如何，當「事實」發生之後，再思考對策也不遲。

　　不要再為了只不過是「猜測」的未來而害怕，好好面對當下眼前的「事實」吧。

※譯注：下流老人。收入少、存款少，也沒什麼人得以依靠的老人。

18
記憶會讓傷害加深

記憶がダメージを増幅する

　　職權騷擾、性騷擾、精神虐待……因為他人說了過分的話而傷害到你，這種事經常發生。

　　然而問題是，遭遇這些壞事的人，本身會讓傷害加深。

　　實際上聽到粗暴言語當下的時間點是「一次傷害」。

　　然而在回程的電車裡，又回想到當時的情景。不只是對方說的那些話，當時的震驚、憤怒和不甘心也再次湧現。

　　在這個時間點是「二次傷害」。

　　接著到了晚上，鑽進被窩，閉上眼睛時……又再想起那些可惡的話語，震驚、憤怒和不甘心再次湧現。這時是「三次傷害」。

　　之後，日常生活中一個不小心又會想起這些討厭的事，每次都會成為「n次傷害」，次數愈來愈多。

　　其實聽到粗暴言語的事實只有「一次」。

　　其實對方可能已經忘記了。

　　不能為了這種事搞得自己遍體鱗傷，失眠、冒冷汗、吃不下、臉部痙攣或肋間神經痛。

　　把「事實」和「回想」徹底分割吧。

19

現實主義者更勝
理想主義者

理想主義者より現実主義者

「理想主義者」指的是那些認為「事情應該要是某個樣子」、「必須怎麼樣」的人。

自己該有的樣子、社會該有的樣子、學問該有的樣子……提出理想沒有錯，但理想太過崇高也令人困擾。

「人應該要誠實。」這是「正確言論」，但每個人都有想找藉口的時刻；或許也有些人如果不騙人就拿不到錢，無法養活家人。

當你單方面認定「應該要這樣」，就把不是這樣的人排除在外。

當你單方面認定「應該這麼做」，就把其他想法排除在外。

另一方面，「現實主義者」指的是那些接受「事情就是那樣」的人。沒用的人、壞人、和自己敵對的人，這種人會接受這些事實，才去思考「那現在該怎麼做」。

當然，要以什麼方式生活是每個人的自由，適合解決問題的是「能納百川」的現實主義者。

20

不要一味認定 「變化＝壞事」

「変化＝悪」と決めつけない

　　一八八七年，在巴黎的萬國博覽會中成為眾人焦點的艾菲爾鐵塔在開始興建時，反對這個建造方案的藝術家發起了抗議活動。

　　巴黎擁有羅浮宮和巴黎聖母院等眾多歷史悠久的建築，他們害怕「醜惡而野蠻的鐵塊會玷汙」這裡的景觀。他們沒想到這座鐵塔具有的美感價值，甚至讓它在日後名列世界遺產。

　　但這個章節並不是想談這些藝術家多缺乏審美眼光。

　　人類是對於巨大變化會產生拒絕反應的生物。

　　新事物流行時、社會結構改變時、地球氣候變遷時，人類會一味認定「變化＝壞事」，吵著「必須恢復原狀」。

　　然而，這只不過是「知道原本狀態的世代」特有的偏見或懷舊的情緒罷了。「對過去一無所知的人」看到的又是全然不同的風景。

21
不要胡亂猜測別人的
話中別有涵義

言葉の裏を勘繰らない

「不需要。沒關係。」

擔任業務或銷售而意志消沉的人，是習慣胡亂猜測別人的話中別有涵義的人。

（啊，他生氣了……）

（是不是嫌我煩了……）

（我果然不受歡迎啊……）

就這樣自己背負了罪惡感和屈辱感。

另一方面，掃街推銷有好成績的人們共通的特質是能夠做到「全盤接收對方說的話」的最低限度思考。

「不需要」只不過是在說明「現在的我不需要這項商品」這個事實。下次再去，或許情況不同，對方就會跟你買了。

身為業務，相較於「達成業績」，更需要「保護自己不被壓力擊垮」。

在磨練銷售話術之前，先捨棄「猜測的習慣」吧。

22

如果此路不通，
就換個主語試試看

行き詰まったら、主語を変えてみる

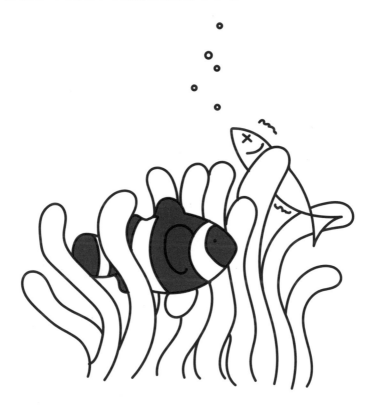

　　小丑魚是很多人喜歡的熱帶魚，也是電影《海底總動員》裡相當受歡迎的主角。眾所周知，這種魚會棲息於海葵裡。其他魚類害怕海葵的毒性而不敢靠近，因此是個絕佳的隱身處。

　　然而，在生物學的世界裡，卻始終不了解「為什麼只有小丑魚不會遭到海葵刺傷」。

　　因為小丑魚對毒免疫？

　　因為小丑魚能幫助海葵？

　　因為小丑魚比海葵還強？

　　把眾多生物學家長久以來都無法解開的謎輕鬆解開的，是一個日本的女高中生。她隸屬愛媛縣立長濱高中水族館社的「尼莫隊」。

　　其實她們的研究，關鍵在於某個想法的轉換，那就是……

「究竟海葵為什麼會刺傷魚類？」

她們並非把不會遭到刺傷的小丑魚當成主語，而是把螫刺的海葵當成主語。

的確，連眼睛都沒有的海葵向靠近的魚類從刺絲胞發射毒針，這樣的機制也很不可思議。這一點也是生物學上尚未解開的現象。

經過各種實驗後發現，地毯海葵（Stichodactyala gigantea）的刺絲胞發射會在海水中鎂的濃度較低時發生，因此便著手檢測小丑魚，結果發現……

果然，包覆在小丑魚身上的黏液裡含有大量的鎂。因此，即使碰到海葵的觸手，刺絲胞也不會發射出去。

這個研究獲得了日本學生科學獎的內閣總理大臣獎，並在英特爾國際科技展（International Science and Engineering Fair）動物科學科中拿到四等獎，在國內外獲頒許多獎項。之後，這項海葵研究更應用於「讓水母不會螫刺的乳液」的研發上。

Chapter 3

得以解決問題的
原因分析法則

解決につながる原因分析のルール

23

即使反覆詢問「為什麼？」還是會陷入困境

「なぜ？」をくり返してもドツボにはまる

思考解決方案之前要做的，就是原因分析。

「為什麼會發生這種問題？」許多人認為不斷探究就能找到真正的原因，但這只有在能夠最低限度思考的情況下才能做到。垃圾思考的人一旦認真追問「為什麼？」就會完全失控。

為什麼自己不受歡迎？

因為以前讀男生學校，和女性說話的經驗很少。

為什麼選擇就讀男校？

因為朋友都念那間學校。

為什麼想和大家一樣？

因為重視和諧的日本人推崇共同進退主義。

為什麼日本人重視和諧？

因為自古以來就是島國，而且是農耕民族。

……咦？咦？反覆詢問「為什麼？」反而會成為不可能解決的問題。

問題到底出在哪裡呢？

24

得以解決問題的原因分析法則

解決につながる原因分析のルール

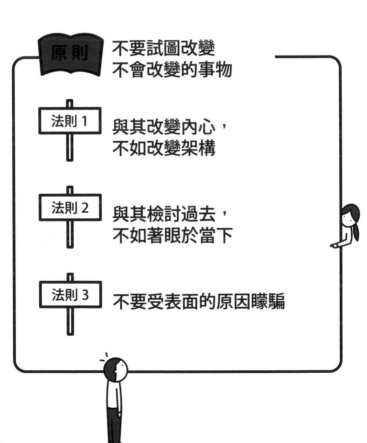

原則	不要試圖改變 不會改變的事物
法則 1	與其改變內心， 不如改變架構
法則 2	與其檢討過去， 不如著眼於當下
法則 3	不要受表面的原因矇騙

即使說「日本人的民族性很低劣」，想要改變全體國民的意識也並不容易；也不可能坐時光機回到彌生時代[※]，要求他們不要成為農耕社會。

在這個世界上，有些事物會改變，有些事物不會。其中最不可能改變的事物就是「人心和過去的事實」。即使去探究這二項事物形成的原因，也只會陷入「事到如今還能怎麼樣？」這種毫無意義的爭論。

只是想找出元凶不斷抱怨，在這樣的閒聊中討論「事到如今已無法改變的原因」，長久以此為樂或許也無所謂。

然而，如果想解決眼前的問題，就應該要找出「能夠改變的原因」並迅速改變。

請捨棄無法改變的事物，著眼於能夠改變的事物。接下來就介紹能做到這一點的法則。

※ 譯注：彌生時代。日本約西元前三世紀到西元三世紀中期。此時日本開始出現水稻種植，從狩獵採集逐漸轉變成農耕家畜。

與其改變內心，
不如改變架構

心がけより仕組み

來此祈求
內心清明

　　桌面沒有整理，不是因為心煩意亂，是因為沒有決定各項物品該放的位置。

　　擔任會計的之所以侵吞公款，不是因為缺乏倫理觀念，是因為沒有其他人複查的機制。

　　原因分析時會陷入困境的模式之一是「歸咎於人心」。

　　人心無法如你所願地改變。因為試圖改變無法改變的事物，所以會大聲咆哮、威脅、向他人抱怨，並拚命做些沒有意義的事。

　　沒有留意到這種情況，使得壓力不斷累積的父母、老師、業務人員和上司多不勝數！

　　因此，即使退一萬步，員工的內心都改變了，一旦有新員工進來公司，又得從頭再來一次。

　　應該要從看得到的「架構」探究原因，如此便能一次加以改善，每個人都能遵從。

與其檢討過去，
不如著眼於當下

過去より現在

「首都高速公路之所以如此不方便，是因為當初為了趕上一九六四年的東京奧運，在河川和道路上勉強建造的。當時的政府和首都高速公路公團※的相關人員應該要負責。」

如果要追究「為什麼會變成這樣？」問題的確是出在大約五十年前一口氣完成的工程上，但事到如今，即使把當時的相關人士帶到面前追問，道路也不會變得更好駕駛。

問題是那時的亂來，導致「現在有些地方不方便」。

在首都高速公路上開車感到很痛苦的駕駛，並不是受到大約五十年前的政策牽連，而是受到「匯流處和出口匝道的位置左右不一致」的架構所連累。

指責過去也無法解決問題。

應該要修正此刻眼前的架構。

※ 譯注：戰爭結束後，因應聯合國軍最高司令官總司令部要求，於日本設立的公法人。其後經過分割、民營化之後，這種法人型態已經不存在了。

不要受表面的
原因矇騙

見かけの原因に騙されない

心算比賽

「個子愈高，算術能力愈強。」

這是事實。

然而，即使從現在開始讓孩子喝牛奶、吃小魚乾，他們也不會立刻學會算數；即使讓他們做算術練習，也不會因此而長高。

長愈高的孩子算術愈強，單純只是因為他們「年級較高」。

請注意，「身高」和「算術能力」之間的關係只不過是「相關」，並非「因果關係」。

還有另一個已知的相關事項。

「愈接近都會區，出生率就愈低、父母在每一個孩子身上花的教育費用就愈高。」

是因為教育費用很高，導致大家不敢生第二胎？

還是因為愈接近都會區，人們就愈晚婚，導致孩子生得少，結果就有更多錢可以花在教育費用上呢？

25

有一種「架構」
會讓人「大意」

「油断」を生んでいる「仕組み」がある

「個人置物櫃失竊案件，一年會發生好幾次。為什麼大家都不上鎖呢？應該加強眾人的防盜意識，呼籲大家上鎖，以避免失竊。」

有鎖卻不上鎖，這是那些人太過「大意」。不會因為大聲疾呼，就改變他們的「想法」。

這是因為存在一種讓人「大意」的「架構」。

舉例來說，車站的投幣式置物櫃應該每個人都會上鎖；把腳踏車停在路上時也肯定會上鎖吧。在任何人都可能會經過的地方，如果不上鎖，失竊的機率很高。

在辦公室或教室之所以會懶得上鎖，是因為這些是「（他們認為）只有特定人士出入的場所」。

如果是這樣，有個方法是把置物櫃移到走廊等，任何人都可能會經過的地方。或許比較遠會有些不方便，但人們會比較願意上鎖，失竊率應該也會降低。

26

「無心向學的孩子」
相同的
「影印資料對摺方式」

「やる気がない子」に共通する「プリントの折り方」

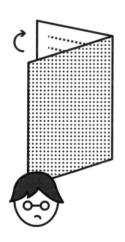

有些孩子經常會忘記做作業或交作品。

「你為什麼這麼不用心!?」父母和老師很容易會責備孩子的「內心」。

然而,試著觀察這些孩子就會發現,他們對學校所發的影印資料的「對摺方式」有個共通點。

對摺時,他們會把印刷面朝內、白色的背面朝外,就這樣直接夾在筆記本裡。如此一來,可能會找不到收在哪裡,過一會兒甚至連有作業都不記得了。

也就是說,這不是「無心向學」的內心問題,而是「對摺方式」的架構問題。

因此,應該要教他們影印資料的對摺方式。

但即使跟他們說「摺紙時,印刷面要朝外對摺。」孩子們也聽不進去。

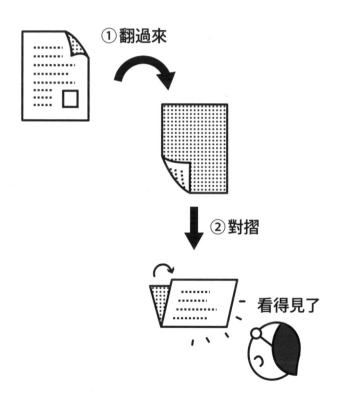

①翻過來

②對摺

看得見了

畢竟，之所以會把白色的背面朝外對摺，就是因為資料擺在桌上時，印刷面是朝上的，抓起前方的一角後對摺就形成這樣的結果。如果是這樣，一開始翻面擺放就好了。

「影印資料要在摺之前翻面喲。摺之前，輕輕翻，摺之前，輕輕翻。」

如此一來，隔天在教室拿到影印資料時就會想起要在「摺之前，輕輕翻。」

實際上，這麼做的確會提高交作業的人數比例。孩子們不是「無心向學」，問題是出在「摺紙方式」這個架構上。

職場上被視為「經常犯錯」、「沒有熱情」的人，是因為像這樣「小小的架構問題」一再累積，才形成現在的樣子，這種情況也出乎意料地多。在責怪「內心」之前，應該先探究「架構」的問題。

27

換個設計，
人的行為也會改變

デザインを変えれば人の行動が変わる

收銀機旁有個放有冷藏糖果的櫃子。但結帳時，顧客會把東西放在上方的玻璃蓋上，蓋子無法承重便損壞了。

因此貼了一張「請勿放置物品」的告示。然而顧客還是會把東西放在告示上，沒有效果。

雖然如此，但若是在店裡反覆廣播：「請勿在冰櫃上放置物品。」又會破壞店裡的氣氛。

如果由收銀員開口，又會增加一項作業，無法集中精神結帳。

該怎麼辦呢？

　　因此，店家把上方從水平改為傾斜。如此一來，就沒有人會放置物品，櫃體也不會損壞了。

　　人類看到有水平面的物體，「就會想放東西」。在腦袋思考「能不能放東西」之前，水平面這種形態就已經在向人類傳達使用方式了。

　　心理學家詹姆士・吉布森（James Jerome Gibson）將這種「物體形態引導人類行動」的現象，稱為「預設用途（affordance）」。

　　在膝蓋高度的位置具有平面的物體，就會讓人想坐上去（即使完全沒提到「長椅」）。

　　有突出來的部位，就會莫名地想按它（你也有一直喀喀喀喀地按筆的習慣嗎？）。

　　垃圾桶上如果有圓形的孔，就會想丟進圓罐或寶特瓶（即使對回收利用根本沒興趣）。

　　門把如果是握把式的，就會忍不住想拉（即使上面寫著「推」）。

　　設計令人聯想到的「預設用途」，會比用詞句寫成的說明書或注意事項來得有效。

28

運用機制，
預防人們的「疏忽」

人間の「うっかり」を仕組みで防ぐ

醫院裡，手術室的門設計成用腳下的開關開啟，這是為了不讓辛苦消毒好的手因為門把而沾染髒汙花的心思。

但這樣的心思要發揮功用，前提是「大家手術前都有確實洗手」。

極偶爾地會有不小心忘記洗手，就進入手術室的醫師或醫療人員。

「應該貼上標語，提醒大家洗手。」

「應該定期參加洗手的講座。」

他們沒有惡意，也很清楚如果沒洗手，可能會因此而引發感染，因為他們都是專業人士。

即使如此，還是有可能會因為太過忙碌或長時間工作而疲累，身而為人，難免會「疏忽」。

「那就改善工時太長的問題，避免疏忽。」

這也很重要，但應該想個更直接的方法。

手術室

　　我想到的方法，是把消毒噴霧裝在自動門的門把位置。在這個機制下，如果不伸出手，讓消毒液「噗啾」地噴射出來，門就不會打開。

　　如此一來就肯定能讓一時疏忽的人，消毒雙手之後才進入手術室。

　　不要依靠內心，應該修改機制。這就是最低限度思考。

　　至於工作太過繁忙導致疲勞的醫療業者，改善他們的待遇則是另一個問題了。

29

不要尋找元凶

犯人捜しをしない

「都是因為你那時這麼說！」

「都是因為他的決定才出錯！」

問題發生後開會討論時，有些人會以「了解確切原因」的名義，開始「尋找元凶」。接著元凶下跪、痛哭謝罪，一件事就此爽快解決。

然而，尋找「元凶」和眼前的問題得以解決是兩回事。

尋找元凶是把議題引導至「這個人『過去』的『心』犯了錯」，這個方向的垃圾思考。即使把這個人排除在外，恐怕還是會出現下一個「凶手」。

如果是這樣，那找出讓這個人成為凶手的架構還比較合理。

在這個過程中，即使知道「都是因為他」，那也只是其中一項因素，不能以打擊他為目的。

30

讓孩子考上
東京大學的方法

子どもを東大に入れる方法

想讓孩子成為雙語人士，比較輕鬆的方法是和外國人結婚。

想讓孩子成為運動選手，捷徑就是和運動選手結婚。

如果是這樣，想讓孩子考上日本第一學府東京大學，最好的做法就是和東大畢業的優秀人士結婚。

讓三個兒子都考上東大的考生母親成為熱門話題。眾人都把焦點集中在她「談戀愛對考試沒有幫助」和「申請書由父母撰寫，孩子抄寫上去」等獨特的教育方針上。

「該怎麼做才能養育出這麼聰明的孩子？」

有孩子的父母，應該都會想問吧？

然而，大家忽略了一件重要的事。

其實這位考生母親的丈夫也是東大畢業的。基因優劣使得起跑點就不同了。

因此，要問她的第一個問題應該是這樣：

「該怎麼做才能和東大畢業的優秀男性結婚？」

Chapter **4**

不會白忙一場的
解決方案思考法則

空回りしない解決策のルール

31

做過頭的巨大工程

やりすぎだった巨大プロジェクト

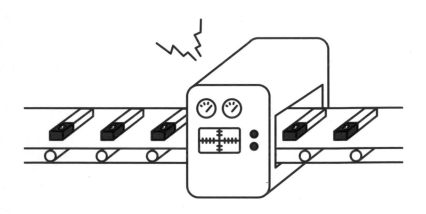

顧問業界經常引用這個「刷牙粉工廠的小故事」。

將刷牙粉的管子裝盒的產線發生了一個問題，大約有二十個裡會有一個盒子沒有放入管子，就以空盒的狀態出貨了。

公司為了檢查出空盒，導入了測量重量的感應器。空盒率雖然降至 1 / 100，卻無法降為 0。

因此便導入更高性能的感應器。空盒率雖然降至 1 / 500，卻還是無法降為 0。

最後投入八億日圓，導入最先進的設備，空盒率降至 1 / 1000，卻還是無法降為 0。

然而，其實在現存的產線中，只有一條從一開始的空盒率就是「0」。經營顧問群前往現場，想知道到底是怎麼一回事，結果發現……

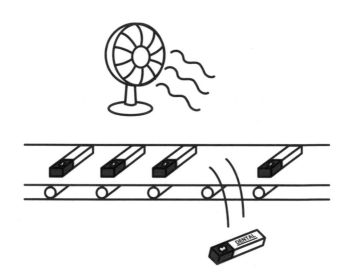

作業員因為「很熱」而逕自搬了電風扇進去，因此只有空盒會被吹走。

說起來，廠方想知道的並不是盒子的確切重量，只要空盒從產線上被挑出來就好。

埋頭思考眼前的對策，目的和方法之間就可能產生偏差。接著，即使是成效不彰的方法，卻還是一直思考「如果花更多經費」、「如果更努力宣導」、「如果做得更徹底」一定會有用，卻是白忙一場。

為了不陷入這種垃圾思考，請學習解決方案的思考法則。

32
不會白忙一場的
解決方案思考法則
空回りしない解決策のルール

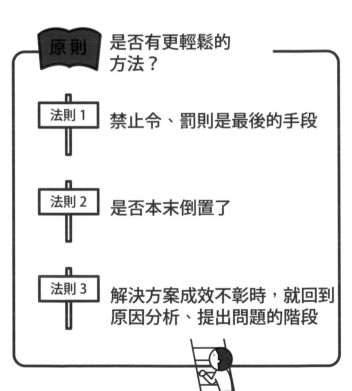

原則	是否有更輕鬆的方法？
法則 1	禁止令、罰則是最後的手段
法則 2	是否本末倒置了
法則 3	解決方案成效不彰時，就回到原因分析、提出問題的階段

　　「輕鬆的方法」指的是「成效更好、效果更確實、成本更低的解決方案」。

　　如果提出問題和原因分析有正中紅心，解決方案也會自動出現「正確答案」，但實際上應該會從好幾個想法中做出選擇。

　　此時，一開始想出的點子未必是最好的。

　　我了解對於好不容易想出的點子，會很重視並想要實現的心情，但或許會找到更有效、更確實、花費更少的方法。

　　不堅持某一個想法，這也是最低限度思考。

　　如果認為「已經沒有」其他可能性，那就想不出來。在認為「應該會有更輕鬆的方法」的前提之下，才會靈光一現。

禁止令、罰則是
最後的手段

禁止令、罰則は最後の手段

　　禁止染髮、禁止打工、上社群網站也禁止、夏天上課時也禁止用墊板啪噠啪噠地搧風。和媽媽友聚會也禁止、孩子半夜在家滑手機也禁止……

　　「什麼都禁止」是最輕鬆的「解決方案」，但必須付出代價。

　　你必須監視不守規矩的「壞孩子」，一旦發現就得處罰。這時如果不嚴格執行，其他壞孩子就會無視規則。接下來每次有人不守規矩就要加強罰則，在這種打地鼠般的過程中，找出違規的人漸漸成為你的主要工作。

　　因為你原本就認為「壞孩子的內心都很惡劣」，便想用禁止令和罰則管理他們的「心」。

　　倒不如想想「好孩子也會犯規」的案例，就能了解應該找出每個人都會受到牽連的「架構問題」。

　　解決方案應該先從架構下手。禁止令和罰則是最後的手段，請將它想成充其量只是用於彌補不足的方案。

法則 ❷

是否本末倒置了

本末転倒になっていないか

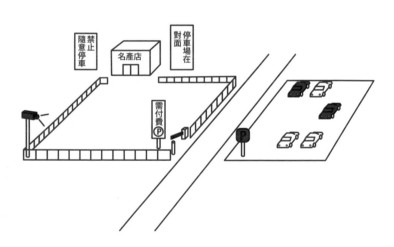

這是某觀光勝地的名產店。由於所在點十分方便，許多觀光客都會把車停在店家的停車場。

然而結束觀光行程的人們沒有買東西，就這樣離開了。免費讓人使用停車場的老闆心裡相當憤怒。

「不買東西，只是免費使用停車場，這根本就是小偷嘛！」

於是店家張貼了「禁止隨意停車」、「罰款一萬日圓」等告示，也立了「只想停車的民眾請停對面的市立停車場」的牌子。

而且為了讓「隨意停車」的狀況不再發生，還架設了監視器。

最後甚至在入口裝設閘門，設置不買東西就不能免費離開的機關。

「這樣一來就沒有人會無恥地亂停車啦！哇哈哈。」

老闆滿心歡喜，但是不是忘了什麼重要的事了呢？

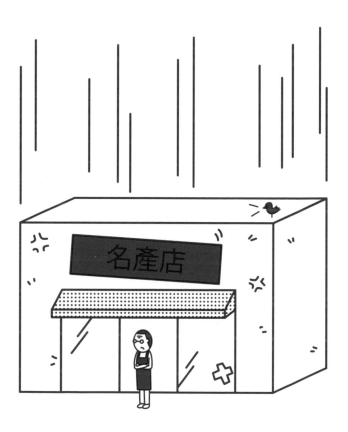

　　觀光景點的名產店如果沒有客人上門，原本就不太對勁吧。應該要去思考店面結構或商品種類有很大的問題。

　　問題不是出在讓人使用停車場，應該是都已經來到面前的顧客，為什麼只是經過卻沒有走進店裡。

　　建議儘快改裝店面，將時下熱門的商品排列整齊。付費停車場的閘門就撤掉吧。

　　「是那些人的問題！要給他們點顏色瞧瞧才行！」

　　如果一味認定都是他人的錯，將所有心思都用於抗爭，就會搞錯問題的本質。

　　「原本的目的是什麼？」

　　如果成效不彰，就回歸基本吧。

解決方案成效不彰時，就回到原因分析、提出問題的階段

解決策がまずいときは原因分析・問題提起に戻る

　　某縣的國小在學力測驗中,「國語」的成績排在全國最後一名,為此相當震怒的知事※說要「公布成績最差學校的校長姓名」,引起眾人討論。

　　在一般的想法中,不太會認為公開校長的姓名,就能提升孩子們的成績……

　　事實上,這是這個地區特有的狀況。

　　這是個以汽車工廠為中心的工業區,許多外籍勞工的孩子都就讀當地的學校。

　　也就是說,這並非是因為老師的疏忽造成的。

　　如此思考,就也能理解成績差的並不是所有科目,而是「國語」這一科。

　　原本在提出問題的階段就已經不正確了。

　　如果是這樣,那解決方案就不是「公開校長的姓名」,而是「協助外籍子女的日文教育」才對。

　　解決方案成效不彰,多半是上個階段的原因分析出錯了;原因分析不恰當,是因為原本提出問題時就出錯了。

※編注:日本一級地方行政區(都、道、府、縣)的首長。

33

應該禁止進入，
或是更改設計？

立入禁止か、設計変更か

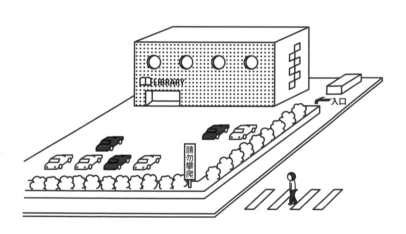

有間設計前衛的圖書館蓋好了。

然而剛開張沒多久,就發現圍起腹地的樹籬有一部分被人踩踏過。

「竟然有這麼沒道德的人!」

館方立了「禁止進入」和「愛護植物」等看板,然而還是有人會踩踏樹籬,踩到整個地面都裸露出來,成為一條「獸徑」。

事實上,對於從最近的車站步行過來的使用者來說,踏過這片樹籬,穿越停車場是最短的距離。如果要從正式入口進去,就必須走二倍以上的距離。

似乎在設計的階段,就只考慮到「開車來的使用者」。

如果是這樣,配合人類的自然行動(動線),把這個地方改為步行者用的入口,似乎是最乾淨俐落的方法。

這就是最低限度思考。

然而,館方卻做錯了。

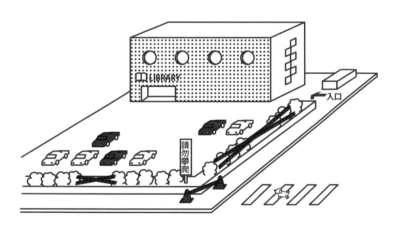

「遵守規定是一個人該有的常識吧。」

「必須保護樹籬。」

「如果呼籲無效，那就用物理的方式阻止。」

「如果這樣行不通，就再嚴厲一點。」

他們的對策是放置禁止通行的三角錐和連桿。然而，在跨越連桿時，三角錐也跟著倒下。

接著他們在樹籬的獸徑上掛滿了黃色布條，將它封鎖。搞得這麼嚴重，使用者也的確不再撥開並穿越這塊樹籬了。

……取而代之地，其他位置又出現了獸徑。

就這樣，每當有新的獸徑出現，拉起黃色布條的範圍就隨之擴張，最後樹籬有很大一部分都像是布滿了蜘蛛網般，變得「一片荒涼」。

圖書館的員工也不是想亂來，他們都很認真。然而「最先採用的方式就是禁止」，這種垃圾思考是無法改變人們行為的。

34

只要呼籲，
人們就會聽進去!?
那可未必

呼びかければ届く、とは限らない

在日本，一年約有兩萬五千人自殺。特別是二十幾歲的年輕人，死因第一名是自殺，約占50％。每個人都有可能成為被逼到自殺，或身邊重要的人是自殺的當事者。

「原因包括找不到工作、生活過得很辛苦。政府應該思考不景氣時的方案，提高就業率。」

其實自殺的原因不只有金錢這一項。

況且景氣這種事，也不是政府能夠自由操控的。即使政策得宜，要看到效果也得花一、二年吧。

「應該製作呼籲民眾珍惜生命的廣告和海報，向全體國民呼籲。」

即使透過大眾傳播媒體向眾人呼籲，真的需要他人關心的人也未必聽得進去。原本想不開的人，通常耳朵也不會打開，身邊的人愈是異口同聲道：「不要自殺。」他們就愈有可能把這些人拒於門外。

在這個凡事都「用手機搜尋」的年代，我們知道有些人在動手自殺前，會搜尋自殺的相關用語。

非營利性社團法人OVA營運的網路守門員活動——通稱「夜巡者2.0」——是預防自殺的預防性作戰，他們注意到了這一點。

只要打出「我想死」、「自殺方法」等和自殺相關的關鍵字，引導至諮商窗口網站的廣告就會出現在顯眼處。這樣的做法，讓打算作出極端選擇的年輕人多了一個「聯絡專門的諮商人員，活下去」的選項。

在搜尋「我想死」的舉動背後，隱藏的真正想法是「我想活下去」。

這是將搜尋網站的「排序式廣告」，也就是付錢讓搜尋結果出現在最前面的電商行銷手法，轉而運用在這個方法上。這個架構相當簡單，性價比也很高，因此現在行政機關和其他非營利組織也開始採用相同手法。

35

餐廳如何避免打工族用店內的食物或器具拍惡搞照？

バイトテロを防ぐには？

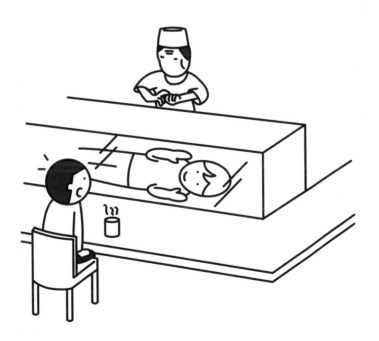

非正職員工把不適當的照片或名人的個人資料，刊登在推特上，這些人就是「惡搞照打工族」

「應該要嚴格懲罰，例如要求損害賠償等。」

「應該讓他們知道事情的嚴重性，例如有些店因此而倒閉等。」

但如果是本人和店家都產生嚴重後果的案例，應該已經從新聞等媒體「得知」了。為什麼即使如此，員工的「認知仍然沒有改變」呢？

原因在於「風險」。

風險＝受害的嚴重性×機率。

其中，萬一出了問題，「受害的嚴重性」是可以預測的。店家失去信任，如果處理不好就會倒閉；始作俑者也會被找出來，受到學校的退學處分。

但難以預測的是「機率」。「我設定成只有朋友看得到。」「朋友應該不會傳出去吧。」人類在預測機率時，很容易往對自己有利的方向加以預測。

「嚴正告誡」的效果之所以有限，就是因為這個原因。

回函

　　究竟是否有必要雇用這些需要勸誡或處罰的人來上班呢？

　　只要一開始雇用不需擔心的人不就好了，就不需要做這些無意義的努力了。

　　例如「申請打工的方式只限回函」如何呢？

　　會在推特上貼出不當內容的年輕人，是平時就用慣智慧型手機和社群網站的族群，恐怕連打工也是用智慧型手機找到，按一按就申請了吧。

　　在現今的時代，會看紙本工作資訊雜誌，並特地寫回函應徵的族群，恐怕多半都是沒有智慧型手機，也不用推特的人。先不提能力和熱忱，至少他們應該不會有「拍奇怪的照片讓自己受朋友歡迎」的動機。

36

原本的業務內容是什麼？

本来の業務は何だっけ？

她是某間企業裡負責電腦系統的人。每天她都會收到來自社員各式各樣的問題，像是「畫面不動了」、「資料不見了」、「不會使用」等等。

其中最讓她感到困擾的是「沒有基本知識的員工提出不知所云的問題。」他們無法說明經過哪些操作之後，導致哪些狀況。最後她前去該部門，重新啟動之後就解決了……這種事也已經見怪不怪，因此原本的業務內容毫無進展。

「天啊，為什麼這麼基礎的事也不知道!?」

事實上，這間公司剛成立時，每位社員都是有執照的資訊處理人員，擁有高階技術。然而過了幾年，員工來來去去，社員的電腦技能變得參差不齊。

這位負責人一開始想出的方法是，公司內部定期舉辦電腦的進修課程。然而……

問題表

(軟體名稱)_____的版本是，

當我正在_____作業中，

進行_____的操作時，

☐立刻　☐過了幾秒鐘

按了_____鍵和_____鍵之後

☐畫面不動了
☐系統強制結束
☐顧客資料開始整個被刪除
☐跳出奇怪的網站
☐機器冒煙

很多業務無法參加下班後的課程，加上這間公司人員流動率高，不時會有新社員加入，此時又得要上課，也會耗費不少成本。

最重要的是，她本身為了舉辦課程，多了額外的工作，本末倒置。

開課似乎不是合理的解決方案。

這種時候，就要暫時停下來，確認原本的「問題」。

目的是提升全體社員的電腦技能嗎？

還是「減輕自己的業務量」呢？

因此，她想出的方案是「將問題表格化」。

有問題的人自行填寫空格，就能填好問題表，完成「想告知的問題」。如此一來，有問題的人不但能自己發覺「有哪些訊息不清楚」，也不用學習自己的工作用不到的指令了。

37
不要為了企鵝種樹
ペンギンのために木を植えない

地球暖化導致南極的冰層溶解，企鵝失去棲身之所，身受其害。

「有了！可以在森林裡種樹！」

這個提議很環保，但這樣好嗎？

現在開始在山裡種下樹木幼苗，這些幼苗一邊吸收二氧化碳一邊長大，地球大氣層裡的二氧化碳濃度降低，地球溫度下降，到南極冰層恢復原狀為止，到底要等幾十年呢？

那還不如讓眼前這群企鵝，直接遷移到較容易棲身的場所還比較有用。

像這樣，有些解決方案長遠來看或許是正確的想法，但對於當下的現實狀況卻完全無效。

「現在應該解決的是什麼？」

「現在應該幫助的是誰？」

不要忘了這些觀點。

回收
很重要

道德觀念
很重要

　　和這個相同道理的就是「從小學開始，就要教導○○的觀念，加強認知。」

　　「回收無法推動，應該從小學開始就讓孩子了解環境問題。」

　　「投票率無法提升，應該從小學開始就讓孩子了解選舉的重要性。」

　　「犯罪無法完全遏止，應該在小學教導道德觀念。」

　　每當社會發生問題，立刻就會有「從小學開始教育，加強認知」的發言出現。

　　這是經常聽到的意見。但即使能讓小學生「洗腦」成功，對於已經離開學校的大人們也不會產生影響。

　　況且等到這些孩子長大、改變世界，還得等上幾十年。

　　我們不應該寄望於下個世代，應該要找出讓現在眼前的大人動起來的方法。

38

這些按鈕有需要嗎？

そのボタン、必要ですか？

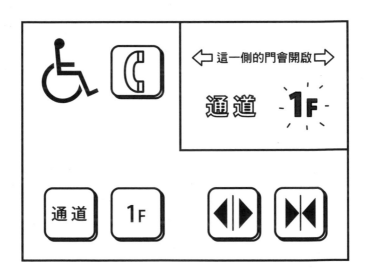

　　最近，車站的月台和剪票口有些在二樓，有些在地下樓層，並不統一。如果為了轉乘而移動，有時會搞不清楚自己身處在哪個樓層。

　　在前往日本鐵道（JR）東京車站京葉線的上車處途中，有座電梯的按鈕就如前一頁看到的一樣。

　　請回答以下問題。

　　這個目的地按鈕，應該要按「通道」還是「一樓」呢？

　　「我剛剛是從通道走過來的吧？話說，這裡是幾樓啊？」

　　第一次來這裡的乘客會感到很困惑。

　　仔細一看，右上角顯示的「一樓」正在發光，於是終於知道：「啊啊，這裡是一樓啊。」

　　但是這需要經過「按下『關』的按鈕→對目的地按鈕感到困惑→注意到樓層顯示→按下『通道』的按鈕」共四個步驟；如果是「按下『關』的按鈕→感到困惑→試著按其中一個按鈕→沒有反應→按另外一個按鈕」，就需要共五個步驟。

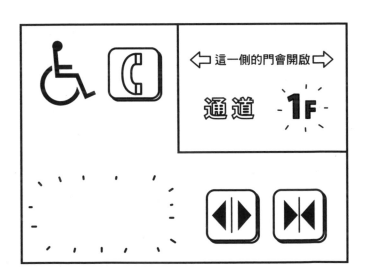

目的地按鈕究竟是否有需要呢？

車站的電梯幾乎都是在上一層和下一層兩個樓層之間上上下下，即使「按下『關』的按鈕，門就關上並運行到另一層」應該也沒問題，如此一來只需要一個步驟就可以了；如果門會自動關上，甚至連一個步驟也不需要。

而且如果撤掉目的地按鈕，視障者也可以省下辨識目的地按鈕旁（專為身障人士設計的）點字的步驟。

一旦先入為主地認定「電梯一定會有開關按鈕和目的地按鈕」，就很容易朝「目的地按鈕該如何配置？各樓層該如何標示？」的方向思考。

當事情變得麻煩時，就應該回歸基本，思考「究竟是否有必要？」「如果沒有這個，會有什麼困擾？」

39

應該要避免意外，
或是⋯⋯

事故を防ぐのか、それとも

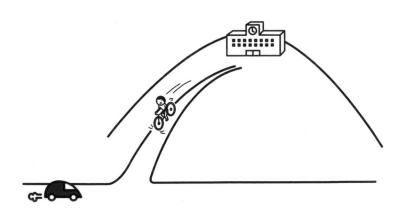

這是發生在位於丘陵上某間高中的事。

要離開學校時,有些學生會用很快的速度,騎自行車從學校前的坡道衝下去,造成很大的問題。

坡道下方正是大條國道。雖然有號誌,但煞不住車而飛出國道,導致撞上汽車的意外每年都會發生。

「禁止騎腳踏車衝下去。」

禁止令已經發布過無數次了。

「開設交通安全教室,加強學生的認知。」

每年四月都會舉辦,但仍然無效。

「那就每個月都舉辦。」

一年舉辦一次而無效的事,每個月都舉辦就會有效嗎?

這本書都已經讀到這裡了,各位心裡也應該會浮現不是改變「內心」,而是改變「架構」的點子吧?

沒錯。應該要在坡道下方設置那項設施。

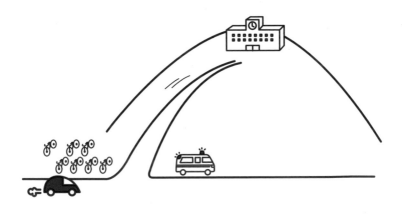

「救護車！」

錯。

是腳踏車停放處。

40

總之先試試看。
如果不行就放棄。

とりあえずやってみる。ダメならやめる。

不用怕！
反正會有職災賠償。

　　解決問題時一個很重要的觀念是，即使在會議室裡想出了完美的正確解答，也不代表能夠仔細策劃好細膩的計畫。

　　「總之就先試試看。如果不行就放棄，再想其他方法。」就是這種單純的精神。

　　科學的世界也是一樣。即使桌上的計畫十分完美，試著實際動手時，經常會受到意外的因素影響，導致結果不如預期。

　　試著做做看之後，結果不如預期，這既不是失敗也不是打敗仗，更不是屈辱。你獲得「這個做法效果不佳」的資料，從這個層面來看也是一項成果。

　　相反地，若是在發表會中哭著主張自己的理論：「我的理論很完美！一定是掉進某人的圈套！」便已經不能算是科學的態度了。

　　一個一個地執行你的點子、一個一個地失敗，再接著執行下一個點子吧。

　　不要堅持自己的理論。這也是最低限度思考。

41
行不通的方法
就不要重複採用

ダメだった手をくり返さない

「真是的,要講幾次才懂啊!」

我了解你煩躁的心情,但更重要的是,你應該儘早發覺說一次沒有用的話,即使重複好幾次也沒有用。

一張告示沒有效就貼十張、一次怒罵沒有效就罵得更大聲,這些都是同樣的狀況。

商業上經常使用的用語「PDCA循環」,指的是:「訂定計畫(Plan)並執行(Do)後,加以驗證(Check)並改善(Action)。」

試著做做看,如果無效就思考「為什麼沒有成效」,並思索其他方法。因此,第一次的「Do」和第二次的「Do」並不相同。

雖然說「亂槍打鳥總會打中」,但子彈都是胡亂發射,所以射一百發大概只會射中一發;如果每次幾乎都是相同軌跡,那射不中的子彈即使射一百發,大概也不會射中吧。

42
輕易更改方針的組織
方針がコロコロ変わる組織

「多研發一些高價商品，往品牌化邁進。」

接著是一年後。

「還是也應該多賣些低價商品，以因應各種客層的需求。」

輕易更改說出口的話，這樣的上司和組織所在多有。

但認為「都是因為我們社長優柔寡斷」，將其歸咎於社長的「性格」是無法解決問題的。

之所以輕易更改方針，是因為忘了「決定好的程序」。

不管是高價品牌或是低價路線，都各有優缺點，應該是在考量「當時的各種情況」之後，一致同意「忽視缺點」。

然而隨著時間經過，忘了「當時的各種情況」，就會連忽視缺點的理由也忘了。

因此，對社內公布方針時，「刻意忽視的缺點」也應該一併公告周知。

43

高喊：「打起精神，
突破難關！」的上司

「気合いで乗り切れ！」という上司

這本書都已經讀到這裡了，各位應該都能夠理解與其討論「打起精神、耐性、唯心論」，更應該「改變架構」這種最低限度思考了吧？

但麻煩的是強迫下屬「打起精神，突破難關！」的上司。

用「你可以戰鬥二十四小時嗎？」的標語度過經濟泡沫化時代的世代，如果拿這本書給對方，說：「部長，從今以後要用最低限度思考喔。」部長只會把書丟還給你。雖然這是本小書，但封面是硬的，被書角砸到還是會痛。

人心是無法改變的。不斷勸唯心論者「轉變觀點」，這麼做本身就不是最低限度思考。

在上司面前請裝出「揮汗努力中」的樣子，也別忘了把提神飲料的空瓶擺出來。

背地裡偷偷「改善架構」，瞞著上司獨自做出成果就好。接著，當上司誇獎你：「只要打起精神就做得到嘛！」的時候，再說出事實：「其實……」

不會硬要勸說堅持己見的人，這也是最低限度思考。

Chapter 5

整理腦中的
垃圾思考

頭の中のジャンク思考を整理する

不愉快 不公平 不合常理 麻煩 損失 不謹慎 受害者意識 正義感 疏離感 臆測 前例 自尊心 意外 不安 自卑感 後悔 完美主義 理想論 民族性 過去的來龍去脈 障礙 現在的情況 意識薄弱 父母的教育方式有問題 寬鬆教育 缺乏倫理觀念 設計不良 意志薄弱 財源不足 禁止令 加重罰則 尋找真凶 監視 固定路線 改變架構 謹記在心 本末倒置 加油 傳統 道德教育 文宣 改變關係 規範 報仇

我們的人生是有時限的。

或許會在數十年後結束，也或許明天就會結束。

無論如何，每個人總會走向盡頭。

而且會出乎意料地突然。

剩下的這些時間，你希望只是用來為「無關緊要的事」憤怒、煩惱，為「再怎麼想也無能為力的事」抱怨嗎？

或是想要度過發掘「具解決價值的問題」，想出「能輕鬆解決的點子」的人生呢？

不愉快 不公平 不合常理 麻煩 **損失** 不謹慎 受害者意識 正義感 疏離感 臆測 前例 自尊心 **意外** 不安 自卑感 後悔 完美主義 理想論 民族性 過去的來龍去脈 障礙 現在的情況 意識薄弱 父母的教育方式有問題 寬鬆教育 缺乏倫理觀念 設計不良 意志薄弱 財源不足 禁止令 加重罰則 尋找真凶 監視 固定路線 改變架構 謹記在心 本末倒置 加油 傳統 道德教育 文宣 改變關係 規範 報仇

首先，你必須不再對不成問題的事提問。

孩子不聽你的話？討厭念書？
沒關係。小時候的你不也是這樣嗎？
即使如此，你還是成長為優秀的大人了對吧。

如果是「不希望孩子成為像你一樣的人」，就應該先解決現在
的你本身的課題。

不愉快 不公平 不合常理 麻煩 **損
失** 不謹慎 受害者意識 正義感 疏
離感 臆測 前例 自尊心 **意外** 不
安 自卑感 後悔 完美主義 理想論
民族性 過去的來龍去脈 障礙 **現
在的情況** 意識薄弱 父母的教育方
式有問題 寬鬆教育 缺乏倫理觀念
設計不良 意志薄弱 財源不足 **禁
止令** 加重罰則 尋找真凶 監視 **固
定路線** 改變架構 謹記在心 **本末
倒置** 加油 傳統 道德教育 文宣
改變關係 規範 報仇

166

接下來，捨棄無法解決的原因分析。

有些人拿傘不是縱向拿著，而是抓著傘體正中央，平平地拿在手上。由於傘尖往後凸出，這種拿傘方式在爬樓梯或搭電梯時都很危險。

這種人很多，原因是「都會人神經太大條，不懂得顧慮後方的人」嗎？

還是「雨傘太長，如果不把手舉高就會拖地」呢？

不愉快 不公平 不合常理 麻煩 **損失** 不謹慎 受害者意識 正義感 疏離感 臆測 前例 自尊心 **意外** 不安 自卑感 後悔 完美主義 理想論 民族性 過去的來龍去脈 障礙 **現在的情況** 意識薄弱 父母的教育方式有問題 寬鬆教育 缺乏倫理觀念 **設計不良** 意志薄弱 財源不足 禁止令 加重罰則 尋找真凶 監視 固定路線 **改變架構** 謹記在心 本末倒置 加油 傳統 道德教育 文宣 **改變關係** 規範 報仇

最後，請捨棄性價比太低的解決方案。

　　為了拉高營業額，以業績、懲處和抽成的方式徹底管理員工，舉辦體能營隊鼓舞士氣？

　　那還不如試著在和客戶洽談的現場錄一次影。

　　無意識犯的許多錯誤，就此一目瞭然。

　　之後就只需要仔細調整看得到的肢體動作、說話方式以及話術的安排就好。經過這些調整，客戶也會有不同反應。

對最低限度思考的人而言，身邊的一切都是「解決新問題的遊戲」。

你希望用人生剩下的時間去解決的難題是什麼呢？

你，就是明日的小小創新者。

　　本書是將我在 SMBC 商務座談會、定額制俱樂部講座的一項主題——「用以解決問題的最低限度思考」中講授的內容集結而成的。

　　這在座談會企劃階段時暫定的標題是「專為在邏輯思考上感到挫敗的人準備的最低限度思考」。

　　也就是說，我將它定位成「開始邏輯思考前的事前準備」。

　　事實上，在商務座談會中，「邏輯思考」相關的講座不管在哪裡都有大量的需求；而另一方面，我也經常聽到參與講座的學員的煩惱，說他們覺得「很難」、「自己無法靈活運用」。

　　有需求，卻無法精通。這或許是在「邏輯思考」這個世界的「入口」遇到某個瓶頸了。只要越過這個瓶頸，邏輯思考或許就會成為「只要學了，任何人都能學會，並靈活運用」的技術。

　　這就是本企畫的出發點。

　　因此本書完全沒有提到分析方式和論證技巧等專業技能，只把焦點集中在掌握基本事物的方法上。對於已經能夠邏輯思考的讀者而言，這些內容或許會讓你感到「理所當然」，稍嫌不足。

　　說到底，提供「在邏輯思考上感到挫敗的人，也能做到的合理思考方法」才是本書的首要任務。

此外，本書同時也擔當了另一個角色。

那就是讓你本身「存活下來」。

據說，現在在日本，每八個勞工裡就有一個因為心理問題而離職。

會有所謂的「黑心企業」、「大公司弊病」，說穿了就是組織的垃圾思考。你沒道理要成為這種垃圾思考的犧牲品。

不要再讓身心消耗在這些沒必要煩惱、沒必要爭執的事物上。

不要再為了沒用的業務內容、無能的組織搞得暈頭轉向。

請先透過最低限度思考，保護好你自己的身心。

因為無論是全宇宙最有價值的公司也好、客戶也好、成果也好、評價也好，都比不上「你自身的存在」（然而一旦受垃圾思考戕害，這也是最快迷失的）。

各位可以將本書當成「學習邏輯思考前的第一本書」，或是「如何擁有讓人生過得舒暢的心靈」來閱讀。

由衷期盼把這本書看到最後一頁的你，無論是工作或是人生的難題，都能夠輕鬆解決。

2016 年 5 月 8 日　　　　　　　　　　　　　　　鈴木銳智

誌謝 謝辞

　感謝讓我有機會撰寫本書的Kanki出版股份有限公司的荒上和人先生、製作通俗且容易閱讀的紙本的Fuubu有限公司的新田由起子小姐和川野有佐先生、讓我們享受富有童趣的插畫的大野設計事務所股份有限公司的大野文彰先生、如書名般以最低限度設計出輕鬆封面的tobufune股份有限公司的小口翔平先生與上坊菜菜子小姐、很早就將最低限度思考納入企業講座內容的Learning More股份有限公司的山口伸一先生、SMBC顧問股份有限公司的出村敏惠小姐、Hopes股份有限公司的坂井伸一郎先生、總是提供新的挑戰場所並讓我完全自由發揮的Career Support Seminar股份有限公司的川井太郎先生和間舍敦彥先生、協助快速採訪的愛媛縣立長濱高中水族館顧問田門將和先生、特定非營利活動法人OVA的負責人伊藤次郎先生，以及在各種層面上提供我許多點子的全國學員！多虧了各位，本書才得以問世，真的十分感謝!!

作　者	鈴木銳智
責任編輯	魏珮丞
美術設計	許紘維
排　版	張彩梅
校　對	魏秋綢
社　長	郭重興
發行人兼出版總監	曾大福
第六編輯部總編輯	魏珮丞
出版者	遠足文化事業股份有限公司
地　址	231 新北市新店區民權路 108-2 號 9 樓
電　話	（02）2218-1417
傳　真	（02）2218-8057
郵撥帳號	19504465
客服信箱	service@bookrep.com.tw
官方網站	http://www.bookrep.com.tw
法律顧問	華洋國際專利商標事務所　蘇文生律師
印　製	前進彩藝有限公司
初　版	2017 年 06 月
定　價	300 元
ISBN	978-986-94845-3-4

FACEBOOK

國家圖書館出版品預行編目 (CIP) 資料

最低限度思考：全世界最單純的問題解決法則 / 鈴木銳智著；林佩蓉譯 . -- 初版 . -- 新北市：遠足文化，2017.06
176 面；12.8×17.8 公分 . -- (Job guide；1)
譯自：ミニマル思考：世界一単純な問題解決のルール
ISBN 978-986-94845-3-4(平裝)

1. 企業管理 2. 思考　　　　　　　　　　　　　　　　　　　　　　　494.1　106008199

JOB GUIDE

向智者學習